中國地理繪本

山東、安徽、江西

鄭度◎主編　黃宇◎編著　愛瑪・瑪柳卡◎繪

U0064027

中華教育

責任編輯　梁潔瑩　劉萄諾
裝幀設計　龐雅美
排版　龐雅美
印務　劉漢舉

中國地理繪本

山東、安徽、江西

鄭度◎主編　黃宇◎編著　愛瑪‧瑪柳卡◎繪

出版 / 中華教育

香港北角英皇道 499 號北角工業大廈 1 樓 B 室

電話：(852) 2137 2338　傳真：(852) 2713 8202

電子郵件：info@chunghwabook.com.hk

網址：http://www.chunghwabook.com.hk

發行 / 香港聯合書刊物流有限公司

香港新界荃灣德士古道 220–248 號荃灣工業中心 16 樓

電話：(852) 2150 2100　傳真：(852) 2407 3062

電子郵件：info@suplogistics.com.hk

印刷 / 美雅印刷製本有限公司

香港觀塘榮業街 6 號海濱工業大廈 4 樓 A 室

版次 / 2023 年 1 月第 1 版第 1 次印刷

©2023 中華教育

規格 / 16 開 (207mm x 171mm)

ISBN / 978-988-8809-15-8

本書繁體中文版本由明天出版社授權中華書局 (香港) 有限公司在中國香港、澳門地區獨家出版、發行。

目錄

※ 中國各地面積數據來源：《中國大百科全書》(第二版)；
中國各地人口數據來源：《中國統計年鑒2020》(截至2019年年末)。

※ ◎為世界自然和文化遺產標誌。

齊魯大地——山東

省會：濟南
人口：約 1 億
面積：約 16 萬平方公里

　　山東省，簡稱魯，位於黃河下游，是中華文化的發祥地之一。由於山東是古時齊國和魯國的所在地，因此被稱為「齊魯大地」。

蔬菜之鄉
　　山東被稱為中國最大的「菜籃子」，是北京、上海等地的蔬菜供貨地之一。

海鹽
　　豐富的海水資源使山東成為中國北方海鹽主產地之一。

黃河三角洲
　　黃河三角洲是黃河口歷次淤泥延伸、擺動、改道形成的扇形地帶。這裏的國家級自然保護區內生活着白尾海鵰、丹頂鶴等珍稀鳥類。

地形地貌
　　地勢中間高、四周低。東部為魯東丘陵，西北部為魯西北平原區，中部為山地丘陵區。

氣候
　　暖溫帶半濕潤大陸性季風氣候，冬季乾燥，夏季多雨。

自然資源
　　礦產資源豐富，漫長的海岸線帶來豐富的海洋資源。

楊家埠木版年畫
　　楊家埠木版年畫是中國三大民間年畫之一，工藝精湛、色彩鮮豔。

濰坊風箏
　　濰坊有「濰都」和「鳶都」之稱。濰坊風箏博物館已被列為世界第一流的風箏博物館。

呂劇

呂劇由民間說唱藝術山東琴書演變而來，劇本分為小戲和連台本戲兩種。

勝利油田

勝利油田是中國第二大石油生產基地。

山東菜

山東菜又稱魯菜，為中國八大菜系之一。

葱燒海參

德州扒雞

白尾海鷗

白尾海鷗也叫白尾鷗，屬於國家一級保護動物。

蓬萊閣北臨大海，是一處明代樓閣建築羣。由於獨特的地理位置，在這裏有時可以看到海市蜃樓的奇觀。相傳，神話「八仙過海」的故事就發生在這裏。

青島天主教堂

青島天主教堂依據歌德式建築風格設計而成。

親愛的貝貝：

山東是孔子的故鄉，濰坊還是著名的風箏之都。我和爸爸一起登上了雄偉的泰山，泰山的日出可真美啊！

小雅

金礦

山東省金礦的儲量、產量均居全國前列。招遠市被譽為「中國金都」。

美麗的「泉城」

濟南被稱為「泉城」，擁有「山、泉、湖、河、城」的特色風貌，自古就有「家家泉水，戶戶垂楊」的美譽。

趵突泉

在濟南的七十二名泉中，趵突泉、黑虎泉、珍珠泉、五龍潭四大泉羣最負盛名。其中，趵突泉居四大泉羣之首，泉水清冽甘美。

黑虎泉的泉水從石雕虎口流出，聲如虎嘯，故得名。因其水質清澈，很多居民在此取水。

千佛山

千佛山是濟南三大名勝之一。山上的萬佛洞內有將近三萬尊佛像和大量精美的壁畫。

山東博物館

　　山東博物館是 1954 年建立的省級綜合性博物館，藏品有古代陶器、青銅器、書畫古籍等各種文物。

紅陶獸形壺

　　紅陶獸形壺是通體磨光的紅陶酒器，造型生動，展現了山東大汶口先民們高超的製陶水平。

蛋殼黑陶高柄套杯

　　山東龍山文化以黑亮的黑陶為特色。蛋殼黑陶高柄套杯的器壁薄如蛋殼，體現了新石器時代陶器製作的高超水平。

《孫子兵法》和《孫臏兵法》竹簡

　　兩部竹簡出土於山東銀雀山漢墓，被列入 20 世紀中國十大考古發現。其中，《孫子兵法》是世界上現存最古老的兵書。

大明湖

　　「四面荷花三面柳，一城山色半城湖」，美麗的大明湖由濟南趵突泉、珍珠泉等泉水補給。大明湖名勝古跡眾多，湖周圍有遐園、鐵公祠、北極閣等。

山東快書

　　山東快書採用山東方言表演，以韻誦為主，唱詞一般為七字句，十分受歡迎。

　　竹板是山東快書的伴奏樂器之一。

攀登五嶽之首

泰山與華山、恆山、衡山、嵩山並稱「五嶽」，有「五嶽之首」的美譽。泰山雄偉壯觀，1987 年被列為世界文化與自然遺產。

泰山十八盤

十八盤是泰山登山途中十分險要的一段，非常陡峭，遠遠望去，就像一段「天梯」。

南天門

南天門為泰山十八盤的盡頭，是一處樓閣式建築，氣勢宏偉。

摩崖石刻

泰山碑雕石刻眾多，彷彿一場大型的書法展覽。

「五嶽獨尊」石刻是泰山的標誌，也是第五套人民幣5元背面的圖案。

泰山日出是泰山最壯觀的奇景之一。

泰山石敢當

「石敢當」的神話故事版本眾多，其中一種說法是：石敢當是泰山腳下的一位勇士，他會降妖除魔。人們把刻有「泰山石敢當」的石碑嵌到牆上，用以威嚇妖魔。

《泰山神啟蹕回鑾圖》是岱廟天貺殿的一幅巨幅壁畫，描繪了傳說中泰山神出巡的壯觀場面。

岱廟

岱廟位於泰山腳下，是泰山的神廟建築，是歷代帝王封禪泰山、祀神之處。天貺殿是岱廟的主體建築，殿內供奉着東嶽大帝，即泰山神的塑像。

浪漫的海島城——青島

青島，位於山東半島南部，是一座美麗的海濱城市。青島擁有紅瓦綠樹、碧海藍天，是著名的避暑、旅遊勝地。

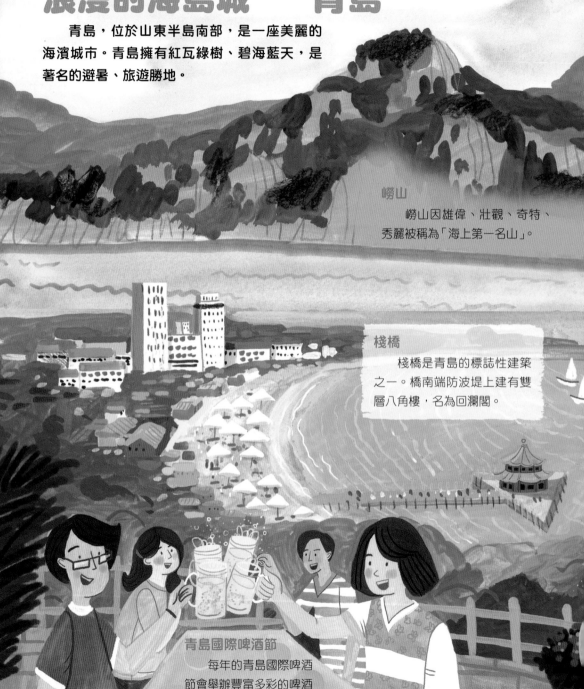

嶗山

嶗山因雄偉、壯觀、奇特、秀麗被稱為「海上第一名山」。

棧橋

棧橋是青島的標誌性建築之一。橋南端防波堤上建有雙層八角樓，名為回瀾閣。

青島國際啤酒節

每年的青島國際啤酒節會舉辦豐富多彩的啤酒主題活動，十分盛大。

八大關

　　八大關因修建八條以中國古代著名關隘命名的街道而得名。這裏有俄、英、法、德等幾十個國家不同風格的建築。

青島海灣大橋

　　青島海灣大橋又稱膠州灣跨海大橋，曾是「世界最長跨海大橋」。

海草房

　　海草房是青島、威海、煙台等沿海地區漁村的傳統特色建築。海草房的牆是用石頭堆砌而成的，屋頂的材料是海草，透露出古樸的民居特色。

公主樓是八大關的代表性建築。

帆船之都

　　青島被譽為中國「帆船之都」。2008 年北京奧運會帆船比賽在青島舉辦。

暢遊在孔孟之鄉

孔廟、孔府和孔林並稱為「三孔」，1994 年被列入《世界遺產名錄》。山東濟寧也因坐擁「三孔」景區而聞名天下，被稱為「孔孟之鄉」。

大成殿

孔廟

孔廟是中國現存僅次於北京故宮的巨大古建築羣。孔廟的大成殿與北京故宮的太和殿、岱廟的天貺殿合稱為「中國古代三大殿」。

櫺星門

孟子

儒家思想的代表人物，被稱為「亞聖」。

大成殿前立着 10 根雕龍石柱，每根石柱上的雕刻都栩栩如生，工藝精湛。

孔林

孔林是孔子及其子孫後代的家族墓地，是全國重點文物保護單位，保存着諸多古墓葬、古樹和碑刻等。

孔府

孔府是孔子嫡系子孫居住的地方，是現存最完整的一座「公府」。孔府內保存着許多珍貴的文物、工藝品和孔府歷史檔案等。

水泊梁山

歷史上的梁山原稱梁山泊，因山下地勢低窪，河湖眾多，故以「水泊梁山」聞名。

孔子

孔子是中國古代大思想家、教育家。孔子的弟子根據他的言行整理編成《論語》。

孔府規模宏大，有廳、堂、樓、閣400多間，用於政務、祭祀、讀書等。

明成化碑

孔廟內有大量碑刻，其中的明成化碑立於明代。明憲宗御製碑文，讚頌孔子及其思想。

萬仞宮牆

萬仞宮牆為明代曲阜城正南門。城牆上的「萬仞宮牆」四個大字相傳是乾隆皇帝御筆題寫的。

美麗的魯南

沂蒙山區由蒙山、沂山兩部分組成，不僅是革命老區，還是著名的旅遊景區，自然資源十分豐富，森林覆蓋率高。

沂蒙山世界地質公園

沂蒙山世界地質公園地質構造奇特，自然地質資源豐富。這裏是岱崮地貌的命名地和集中發育地，崮羣簇集，形態獨特，蔚為壯觀。

張家界地貌

喀斯特地貌

嶂石岩地貌

丹霞地貌

岱崮地貌、喀斯特地貌、丹霞地貌、張家界地貌和嶂石岩地貌是中國五大造型地貌。

齊長城 ◎

齊長城是始建於春秋時期的古代軍事防禦工程，由城牆、關隘和烽火台等部分組成。

壽星巨雕

蒙山的壽星巨雕利用山體雕琢而成，輪廓清晰、氣勢雄偉，是世界上最大的單體雕刻。

台兒莊古城 ◎

台兒莊古城位於京杭運河河畔，是著名的運河古城。這裏既有魯南民居、北方大院，又有徽派建築、嶺南建築。

微山湖

微山湖是中國北方的大型淡水湖，面積 664 平方公里。夏天時，這裏萬畝荷花盛開，十分壯觀。

江淮大地——安徽

省會：合肥
人口：約 6366 萬
面積：約 14 萬平方公里

安徽省，簡稱皖，位於中國東部，地處長江、淮河中下游，以安慶和徽州兩地的首字得名。

地形地貌

地勢西高東低、南高北低，以平原、丘陵、山地為主。

氣候

以淮河為界，淮河以南屬於亞熱帶濕潤季風氣候，淮河以北屬於暖溫帶半濕潤季風氣候。

自然資源

礦產資源豐富，是全國礦種較全、儲量較多的省份之一。

明中都城遺址

明中都城是明太祖朱元璋在鳳陽修建的都城，為全國重點文物保護單位。

包公園

包公園是為紀念北宋著名清官包拯而修建的園林。

醃鮮鱖魚

毛豆腐

安徽菜

安徽菜是中國八大菜系之一，主要名菜有醃鮮鱖魚、黃山燉鴿、毛豆腐等。

太極洞羣

太極洞羣是華東地區最大的喀斯特溶洞羣，洞內鐘乳石形態萬千，令人歎為觀止。

華佗

華佗是東漢末年著名的醫學家，發明了麻沸散和五禽戲。

迎江寺

迎江寺始建於北宋，殿宇華麗，氣勢恢宏。寺中的振風塔是其最具特色的建築，簷角掛滿了銅鈴，風一吹，就響起悅耳的鈴聲。

巢湖

巢湖為中國五大淡水湖之一，因湖形呈鳥巢狀而得名。湖區有中廟、四頂山等景點。

黃梅戲

黃梅戲由以黃梅採茶調為主的民間歌舞發展而成，唱腔委婉，受到廣泛歡迎。《天仙配》是黃梅戲的代表劇目。

九華山

九華山山峯奇秀，峯巒異狀，是中國佛教四大名山之一。

中藥之鄉

亳州有「藥都」之稱，是中國最大的中藥材交易中心。

親愛的樂樂：

我來到歷史悠久、人文薈萃的安徽啦！在這裏，我參觀了「中國畫裏的鄉村」——宏村，還吃到了好吃的毛豆腐和醃鮮鱖魚。

小雅

許國石坊建於明代。石坊用青石精雕細刻而成，是中國獨一無二的八腳牌坊。

靈璧石

靈璧石產於靈璧縣，質地細膩，造型千姿百態。

揚子鱷

揚子鱷是中國的特有動物，也是國家一級保護動物。

天柱山風景名勝區

天柱山風景名勝區是國家級風景名勝區。這裏羣峯崢嶸，怪石羅列。

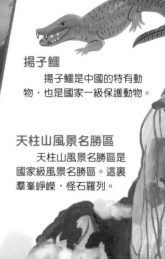

15

水墨畫裏的皖南古村落

皖南古村落位於安徽省黟縣，以西遞、宏村為代表，較為完好地保存了許多明清古民居。走進宏村，隨處可見的是青山綠水、白牆黛瓦，就像走進了一幅美麗的水墨畫。

宏村的輪廓看起來像牛的形狀。民居是牛身，半月形的月沼是牛胃，村口的南湖是牛肚。

馬頭牆

馬頭牆又稱封火山牆，可以起到防火的作用。

祠堂

祠堂是古代供奉祖先和舉行祭祀活動的地方。績溪的龍川胡氏宗祠建於明代，是全國重點文物保護單位。

牌坊

牌坊又叫牌樓，建於祠堂、陵墓、廟宇、里坊等處，是一種門洞式建築物。棠樾牌坊羣依次排列七座牌坊，代表了「忠、孝、節、義」的倫理道德。

承志堂

承志堂是宏村的一座古民居，內部裝飾十分精美，被稱為「民間故宮」。廳堂前的天井除了採光通風，還有「四水歸堂」的吉祥寓意。

水圳

水圳指繞着古民居的水渠。宏村水圳建於明代，總長 1200 多米，繞過家家戶戶，常年清水不斷。

徽州三雕

徽州三雕包含磚雕、石雕和木雕，是具有徽派風格的民間雕刻工藝。雕刻內容主要為民間傳說、花鳥瑞獸、民情民俗等，十分精美。

木雕

石雕

磚雕

南湖

南湖建於明代，是宏村的一個人工湖。

黃山歸來不看嶽

黃山以奇松、怪石、雲海、溫泉、冬雪聞名於世。明代著名地理學家徐霞客曾登上黃山，並留下了「五嶽歸來不看山，黃山歸來不看嶽」的讚美。

夢筆生花

夢筆生花為黃山上的一座孤峯，山峯的外形像筆尖朝上的毛筆。

迎客松

黃山上的松樹姿態各異。迎客松姿態優美，是黃山的奇松之一。

猴子觀海

有人稱黃山為「雲霧之鄉」，這是因為黃山常常出現神奇的雲海奇觀。黃山獅子峯上有一塊形似猴子的石頭，好像正在欣賞雲海美景。

黃山雨水充沛、植物茂盛。春天，滿山遍野的杜鵑花盛開，美不勝收。

來到黃山，還可以去泡一泡溫泉。黃山溫泉歷史悠久，為「黃山五絕」之一。

天都峯

黃山山體由節理發育豐富的花崗岩組成，經過長期風化作用，形成獨特的黃山花崗岩峯林地貌。天都峯為黃山三大主峯之一，十分陡峭。

黃山茶園

由於黃山上雲霧繚繞，土壤為黃紅壤，很適合茶樹生長。

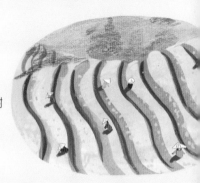

飛來石

黃山的奇峯怪石數不勝數。飛來石因自然風化、冰川流水和重力崩塌等綜合作用而形成。

神奇秀美的徽杭古道

徽杭古道是古時候聯繫徽州與杭州的重要通道，也是繼「絲綢之路」「茶馬古道」之後的中國第三條著名古道。

徽商

徽商是中國古代商人集團，以居於徽州而得名。古徽州羣山環繞、交通不便，徽州商人憑着吃苦耐勞的精神，走出了一條經商之路。

算盤

算盤是中國傳統計算工具。珠算是中國古代的重大發明，並在日本、朝鮮等廣泛流傳。

胡雪巖

胡雪巖是徽商的代表人物，創辦了國藥老字號「胡慶餘堂」。

醉翁亭

醉翁亭位於琅琊山上，是安徽省著名古跡之一。北宋文學家歐陽修在此寫下名作《醉翁亭記》。

徽劇

　　徽劇是在徽州腔的基礎上，吸收其他戲曲精華而形成的。清朝時，幾大徽劇戲班相繼進京表演。徽劇後來與京腔、漢劇等結合，對京劇的發展有重大意義，被視為京劇誕生的前奏。

鳳陽花鼓

　　鳳陽花鼓是一種集曲藝和歌舞為一體的民間表演藝術。表演者用雙條鼓伴奏，載歌載舞。

徽派版畫

　　徽派版畫是明朝中葉興起於徽州的一個版畫流派，以白描手法造型，是畫家與刻工合作的藝術結晶。

　　安徽是著名的產茶大省。綠茶中的黃山毛峯、六安瓜片、太平猴魁全國聞名。

徽州茶道

　　徽州茶道講究以茶立德、以茶陶情、以茶會友、以茶敬賓，是中國茶文化的一部分。

新安江山水畫廊

　　新安江幹流全長 261 公里，兩岸有許多徽州古村落和古橋，好像一幅流動的山水畫卷。

文房四寶的故事

　　人們把筆、墨、紙、硯總稱為「文房四寶」。它們是中國傳統的書寫和繪畫工具，也是中華民族藝術的瑰寶。

徽墨

　　墨是一種用油煙、松煙、炭墨等製成的固體研磨顏料。徽墨色澤黑潤、濃淡適中，是中國書畫墨的代表品種。

硯

　　硯又稱硯台，是用來研墨的工具，經過開採硯石、選料、設計、打坯、雕刻、磨光、配盒等工序製成。

毛筆

　　毛筆是中國傳統的書寫繪畫工具，主要以動物毛髮和竹子為材料製成，分為羊毫、狼毫、紫毫、兼毫四大類。

　　動物毛髮是製作毛筆的天然材料。其中，兔毛、山羊毛、黃鼠狼尾毛等常被使用。

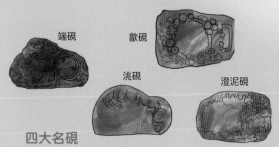

端硯　　歙硯

洮硯　　澄泥硯

四大名硯

　　端硯、歙硯、洮硯、澄泥硯被譽為「中國四大名硯」。

書法

　　書法特指用毛筆書寫漢字的藝術，經過幾千年的發展，形成了篆書、隸書、楷書、行書、草書等多種字體。

宣紙是怎麼做出來的？

宣紙的製作流程十分複雜，有18道重點工序，以下是主要的製作過程：

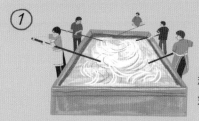

① 將處理過的沙田稻草、青檀樹皮等原料進行蒸煮。

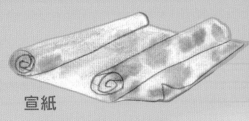

宣紙

宣紙質地柔韌、潔白細密，是中國傳統的手工書畫用紙。宣紙既能防腐，又能防蟲，被譽為「千年壽紙」。

② 攤曬製紙原料，讓日光對其進行天然漂白。

③ 用竹簾小心翼翼地撈紙。

④ 將撈出的紙張鋪在鐵板上烘乾。

徽州古城

徽州古城位於歙縣，是中國保存比較完好的古城之一。古徽州是徽州文化的主要發祥地，素有「東南鄒魯」的美譽。

徽州古城

物華天寶──江西

省會：南昌
人口：約 4666 萬
面積：約 17 萬平方公里

江西省，簡稱贛，位於中國長江中下游以南，河流眾多。江西礦產豐富，農業發達，自古以來就是一個物華天寶的好地方。

井岡山革命根據地

井岡山是中國革命的搖籃。在這裏，中國共產黨創建了第一個農村革命根據地。

龍虎山

龍虎山由龍虎二山組成，屬於典型的丹霞地貌，是中國道教名山之一。

特色美食

三杯雞、瓦罐湯都是江西的特色美食。

南豐蜜橘

潯陽樓

潯陽樓位於長江之濱，因名著《水滸傳》中宋江題反詩等故事而出名。

三清山

三清山因玉京、玉虛、玉華三座山峯高聳入雲，如道教始祖玉清、上清、太清踞坐山頂而得名。

地形地貌

三面環山，中部丘陵與河谷平原交錯分佈，北部為平坦的鄱陽湖平原。

氣候

屬於亞熱帶濕潤氣候，日照充足，雨量充沛。

自然資源

礦產資源豐富，是中國主要的金屬礦產基地之一。

湯顯祖

　　湯顯祖是明代著名戲曲大師，代表作有《牡丹亭》《紫釵記》《邯鄲記》《南柯記》等。

儺舞

　　儺舞源於古代，是一種驅逐疫鬼的民間舞蹈。

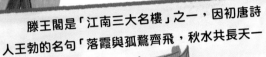

贛南圍屋

　　贛南圍屋是歷史上贛南居民為聚族而居建設的四面圍合、有防禦性設施的民居。

　　滕王閣是「江南三大名樓」之一，因初唐詩人王勃的名句「落霞與孤鶩齊飛，秋水共長天一色」而聞名於世。

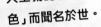

親愛的朵朵：

　　我來到瓷都景德鎮啦。我看到很多院中都擺滿了各種形狀的泥坯。工人們把這些泥坯放到窰裏，就燒出了一件件精美絕倫的藝術品。

小雅

贛州古浮橋

　　贛州古浮橋由100多艘小木船用纜繩連接而成，上鋪木板，至今已有800多年的歷史。

銅礦開採

　　江西銅礦資源豐富，擁有亞洲最大的銅礦。

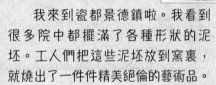

武功山

　　武功山為羅霄山脈北段，植物種類多樣，有「雲中草原」之稱。

千年瓷都景德鎮

景德鎮有着1000多年的陶瓷製造歷史，是中外聞名的「瓷都」，古稱昌南鎮。因北宋景德年間製作御瓷而改稱景德鎮，是中國歷史上四大名鎮之一。

景德鎮陶瓷歷史博物館

景德鎮陶瓷歷史博物館由古窯作坊、清代民居建築羣等組成，館內收藏了許多古代瓷器精品。古窯作坊內有瓷工進行手工製瓷技藝表演和燒製仿古瓷。

瑤里古鎮

瑤里，古稱窯里，因是景德鎮陶瓷發祥地而得名。這裏羣山環繞，小橋流水，是避暑的好去處。

瓷板畫

瓷板畫是一種以繪製人物肖像為主的瓷繪藝術，實現了繪畫藝術和瓷繪工藝的巧妙結合。

景德鎮的路燈杆也是陶瓷製成的。

景區內有精彩的瓷樂隊演奏表演。樂隊所用的樂器都是用景德鎮的瓷器製成的。

精美的瓷器是怎樣製作出來的？

以下是製作瓷器的主要工序：

高嶺土

① 把高嶺土等瓷土放入水缸，用木棍攪拌成泥。

② 將調配好的瓷泥做成瓶、罐、盆的坯子，自然風乾。

③ 為處理好的瓷坯作畫和施釉。

青花瓷

粉彩瓷

顏色釉瓷

景德鎮瓷器造型優美，有「白如玉，明如鏡，薄如紙，聲如磬」的美譽。其品種豐富，有青花瓷、玲瓏瓷、粉彩瓷和顏色釉瓷等，遠銷海內外。

玲瓏瓷

④ 把瓷坯放進瓷窰裏高溫燒製。

← 煙囪

← 護牆

← 窰眼

窰門

→ 投柴口

跟着詩詞遊廬山

廬山以雄、奇、險、秀聞名於世。相傳殷周時有匡氏兄弟結廬隱居於此，故得名「匡廬」。千百年來，詩人們在此留下了許多著名詩篇，使廬山成了當之無愧的文化名山。

花徑

花徑相傳是唐代詩人白居易詠詩《大林寺桃花》的地方。每年四月，花徑桃花盛開，景色十分迷人。正如詩中所描述的：「人間四月芳菲盡，山寺桃花始盛開。」

錦繡谷

錦繡谷為一段長約 1500 米的秀麗山谷，這裏一年四季都花團錦簇。

廬山別墅羣

廬山氣候涼爽，十分適合避暑。牯嶺鎮上風格各異的別墅羣具有十分重要的歷史價值。「廬山會議」舊址就在牯東谷擲筆峯麓。

雲瀑

廬山上有時會出現罕見的雲瀑奇觀，十分壯觀。

白鹿洞書院

　　白鹿洞書院居宋代四大書院之首，因院內曾飼養白鹿而得名。這裏也是南宋理學家朱熹講學的地方。

　　「橫看成嶺側成峯，遠近高低各不同。不識廬山真面目，只緣身在此山中。」蘇軾的《題西林壁》描寫出廬山獨特的地貌特徵。

　　含鄱口海拔 1200 多米，位於含鄱峯中段，有一口汲盡鄱陽湖水之勢，故得名。

三疊泉瀑布

　　三疊泉瀑布分三級飛瀉而下，氣勢磅礡。大詩人李白曾經在廬山寫下了著名的《望廬山瀑布》：「日照香爐生紫煙，遙看瀑布掛前川。飛流直下三千尺，疑是銀河落九天。」

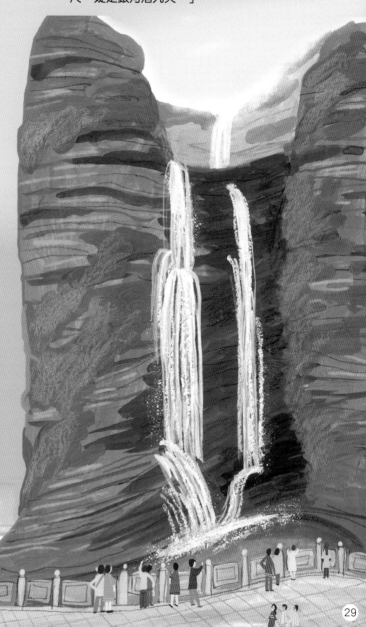

候鳥天堂鄱陽湖

鄱陽湖是中國最大的淡水湖，古稱彭湖、彭澤，水域遼闊，水草豐美，是候鳥的「天堂」。

鄱陽湖自然保護區

鄱陽湖濕地資源豐富，每年有約 30 萬隻鳥在此越冬。為保護候鳥，鄱陽湖於 1988 年被列為國家級自然保護區。

白鶴

國家一級保護動物，被譽為鳥類中的「活化石」。

石鐘山

石鐘山位於鄱陽湖與長江的交匯處。經波浪沖擊，石鐘山發出宛若鐘聲的聲音，故得名，後因蘇軾的《石鐘山記》而聲名鵲起。